天空的灯火，点亮无尽的探索

我的星空观察笔记

恒星世界

张培华 / 编著

化学工业出版社

· 北京 ·

图书在版编目（CIP）数据

我的星空观察笔记 ：恒星世界 / 张培华编著.
北京 ：化学工业出版社，2024. 9. — ISBN 978-7-122
-45911-4

Ⅰ．P145.1-49

中国国家版本馆CIP数据核字第2024X474J5号

责任编辑：龚　娟　　　　　　　　装帧设计：王　婧
责任校对：王鹏飞

出版发行：化学工业出版社（北京市东城区青年湖南街13号　邮政编码100011）
印　　装：盛大（天津）印刷有限公司
710mm×1000mm　1/16　印张7¾　字数71千字　2025年1月北京第1版第1次印刷

购书咨询：010-64518888　　　　　　售后服务：010-64518899
网　　址：http://www.cip.com.cn
凡购买本书，如有缺损质量问题，本社销售中心负责调换。

定　　价：39.80元

前言

在浩瀚宇宙中，每一种天体都蕴藏着无尽的奥秘，激发着青少年对未知世界的好奇心与探索欲。《我的星空观察笔记：恒星世界》一书，旨在引领孩子们踏上这场跨越时空的星际之旅。

本书不仅是一本旨在启蒙天文知识的书籍，更是一部引领孩子们学会观测星空，并通过科学探索与恒星进行"心灵对话"的实用指南。

从"最美不过望星空"的浪漫启程，我们带领孩子们领略四季星空的不同风貌。在"春季观星"篇章，孩子们将随着春风的轻拂，探索觉醒于夜空的狮子座与室女座，沉浸在它们背后的动人传说中；夏季，是一个星光熠熠、充满活力与热情的璀璨时节，孩子们将学会辨识天鹅座、天琴座等夏季星空标志性的星座，亲身感受星空那份令人叹为观止的壮丽与神奇。

步入收获与思念的秋季，我们将引领孩子们寻觅仙后座、飞马座等秋季星座的踪迹，一同回味与这些星座相系的神话故事。而到了冬季，孩子们将在我们的带领下，识别猎户座、金牛座等星座，深入理解它们的传说与文化象征，同时寻找与观测"冬季大三角"等夜空景观，再次沉醉于星空那深邃而神秘的怀抱中。

除了四季星空的探索，在"投入星空的怀抱"中，孩子们将体验与宇宙融为一体的美妙感觉。"方向的由来"则帮助孩子们掌握利用星星辨认方向的基本技能，为未来的探险之旅奠定基础。

"星空美图——星图"展示了精美的星图，让孩子们直观地认识星空的布局，感受遥远星辰之间的微妙联系。"我为星空留倩影"则教会孩子们如何用镜头捕捉那些稍纵即逝的天文奇观，记录自己与星空的不解之缘。而"恒星不'恒'"这一章，则揭示了恒星生命周期的奥秘，让孩子们了解那些看似永恒的星辰其实也在不断变化与演化。

书中不仅涉及了星座小常识、认星方法、拍星技巧以及恒星的演变等丰富内容，还在每个章节后设置了"想一想""试一试"等环节。这些问题旨在引导孩子们自己动手查阅资料，进行探究式学习。在探索的过程中，孩子们的创造力、批判性思维能力以及解决问题的能力都将得到极大的提升。

《我的星空观察笔记：恒星世界》不仅是一本天文知识百科读物，更是一本激发孩子们好奇心与探索欲的启蒙图书。愿这本书成为孩子们探索宇宙的启航点，让他们在星辰大海的征途中，找到属于自己的那束光，并勇敢地追寻下去。

1 最美不过望星空

一闪一闪亮晶晶，满天都是小星星……

同学们，你听过这首儿歌吗？这首广为人知的儿歌，你会唱吗？

这首简短的儿歌深受人们喜爱，因为自古以来，人们都被那歌中描绘的神秘而壮美的星空所吸引。星空，美丽迷人，无数的人在仰望星空的同时得到了艺术的灵感，还有人则在研究星空的过程中逐渐揭开了科学的奥秘，掌握了其内在规律。

观察绚丽的星空

　　你见过那未被污染、深邃且迷人的星空吗？如果没有，那真是非常遗憾。不过，很多同学在老师或家长的带领下，都曾在天文活动中用镜头捕捉过不少美丽的星空。

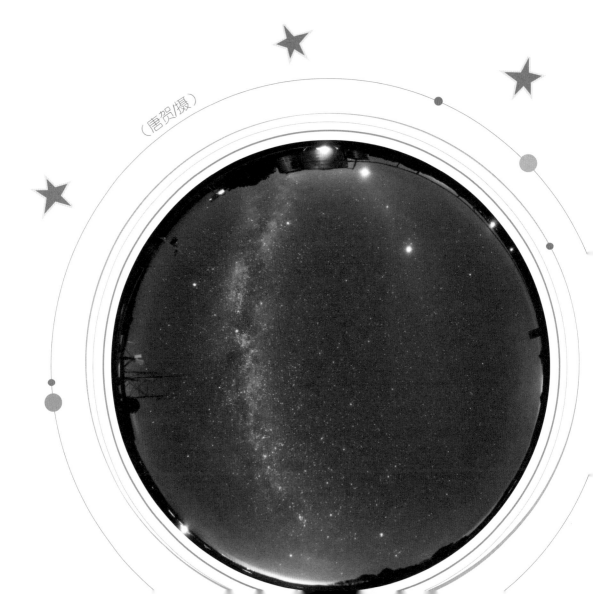

（唐贺/摄）

　　透过他们的作品，你或许可以体验到什么叫"繁星满天"，而且只要经过学习，你也能拍摄出同样震撼人心的天文照片。

　　在没有污染、天气良好的条件下，视力正常的人凭肉眼可以看见的星星大约有 6000 颗；在同一地点仰望星空大约能看到 3000 多颗。

　　但是，这可不是星星的全部！只要使用望远镜，哪怕是最普通的小型望远镜，你就可以看到数以万计的星星。

　　古人早已发现，夜空中绝大多数星星的位置是相对不变的，于是称它们为"恒星"。如今，恒星有了更科学的定义，人们发现它们的位置也在变化。不过，在我们眼中，这种相对位置的变化是极其缓慢的，肉眼无法察觉。

根据科学家的计算，仅在我们的银河系中，就有1000亿～4000亿颗恒星。随着观测设备的不断发展，人们看到的恒星会越来越多。

星座的小常识

古人为了方便认星，把位置比较靠近的星星划分成群并连接形成各种图案，赋予它们美好的神话和传说，这些星群就称为"星座"。星座的起源可以追溯到古代美索不达米亚文明，特别是古巴比伦。公元前6世纪左右，古代巴比伦人把黄道带均分为十二段，其所含星座分别为：白羊座（Aries）、金牛座（Taurus）、双子座（Gemini）、巨蟹座（Cancer）、狮子座（Leo）、室女座（Virgo）、天秤座（Libra）、天蝎座（Scorpio）、人马座（Sagittarius）、摩羯座（Capricorn）、宝瓶座（Aquarius）、双鱼座（Pisces）。

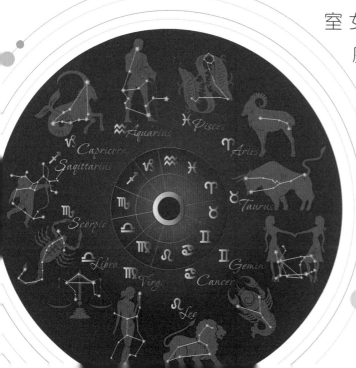

我国自上古时代就开始划分星座，称为"星官"，后来归纳为"三垣二十八宿"。三垣为：紫微垣、太微垣、天市垣；二十八宿为：角、亢、氐、房、心、尾、箕、井、鬼、柳、星、张、翼、轸、奎、娄、胃、昴、毕、觜、参、斗、牛、女、虚、危、室、壁。

由于世界上发展较早的文明和国家大多集中在北半球，因此北天星座的划分和研究相对较早。在公元 2 世纪的时候，北天星座的划分相对比较成熟，并基本与今天的划分一样了，而南天的星座基本上是在 17 世纪以后，伴随着西方殖民主义者陆续到达南半球各地才被逐渐划分出来的。

截至目前，天空中的星座共划分为 88 个，其中 29 个在赤道以北，47 个在赤道以南，跨越赤道南北的 12 个。这是 1928 年由国际天文学联合会统一划分确定的。

北天星座

南天星座

想一想

几乎所有的古老文明都有自己的星座体系，为什么人们一定要把星空划分成若干星座呢？

2 投入星空的怀抱

　　为何我们总会不由自主地抬头仰望星空？星空究竟有何魅力让无数人在其中不停地探索？

　　也许著名哲学家康德的话能给我们答案：世界上唯有两样东西能够深深震撼我们的心灵，一是我们心中崇高的道德准则，一是我们头上灿烂的星空。

想一想

　　天文观测多在夜间，而且观测场地多选择在远离城市的高山、草原甚至戈壁。想想看，在衣着上我们需要注意些什么？

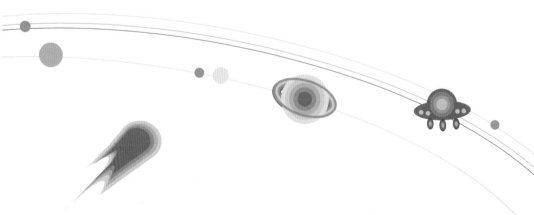

户外观测星空的装备

为了更好地进行户外星空观测，我们要做好充分的装备准备。你知道下面这些装备分别是什么，有什么用途吗？

在踏上观星之旅前，我们需要储备一定的天文知识，掌握一些基本观测技巧，关注并了解最新的天文资讯。这包括学会依据星图辨识夜空中星座，掌握如何通过望远镜观察指定目标，学会天文摄影的方法，以便捕捉那些稍纵即逝的夜空美景，以及了解近期是否有特殊天象等。与白昼截然不同，夜晚的观测对我们提出了更高要求：我们必须对各种器材了如指掌，并熟练掌握它们在黑暗中的操作方法。这是因为即便是在平日里我们使用得心应手的设备，在夜幕下也可能变得难以操作。

小提醒

在夜晚的野外进行天文观测时，务必在家长或老师的陪同下进行，以确保个人安全，同时要妥善保护好观测设备。由于望远镜、照相机等器材在夜间的操作方式与白天有所不同，因此需要一定的学习和实践。相信你随着不断学习和经验的积累，会逐渐熟练掌握这些设备的正确使用方法，从而能够更加顺利且有效地进行天文观测。

由于观测地点往往比较偏远，且观测时间较长，夜间的气温可能会比预期中更低，因此需要准备充足的防寒衣物。即便是盛夏时节，也建议携带长袖衣衫和长裤以应对低温。而若是在高山、荒漠等环境下观测，更需准备厚实的大衣来抵御严寒，确保观测过程中的舒适与安全。

想一想

（1）在夜间操作天文观测设备时，为什么建议在使用手电或头灯时包上红布或直接使用红光灯？

（2）在夜间操作设备时，照相机的液晶屏亮度为什么要调暗一些？

3 春季观星

　　不知你有没有观察过，每当寒假结束时，灿烂的冬季星空已经日渐西沉，不经意间，春季星座成了夜空的主角。虽然春季的星空没有冬季星空那么耀眼，但是我们也能看到许多著名的星座和亮星。

从春季星图上可以看到有哪些主要亮星？春季的主要亮星有：

_____星、_____星、_____星、

_____星、_____星等。

牧夫座α星

室女座α星

春季星座及其传说

勺子和尾巴——大熊座

　　在地球上不同纬度的地区，所能看到的星座是不一样的。在北纬40度以上的地区，也就是北京或欧洲希腊以北的地区，一年四季都可以见到大熊座。不过，春天的大熊座正在北天的高空，是四季中观察它的最好时节。著名的北斗七星是大熊座最明显的标志。

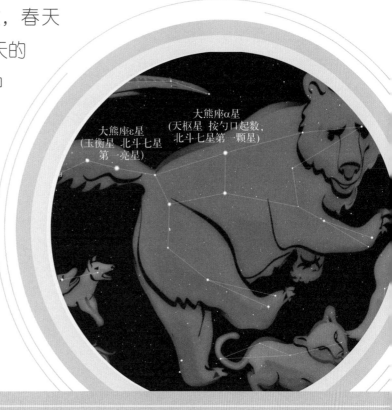

大熊座ε星
(玉衡星 北斗七星
第一亮星)

大熊座α星
(天枢星 按勺口起数，
北斗七星第一颗星)

北部天空的中心——小熊座

　　从大熊座北斗斗口的两颗星 β 和 α 引一条直线，一直延长到它们之间距离的五倍远处，有一颗不是很亮的星，这就是小熊座 α 星，也就是著名的北极星。一年四季，不管北斗的柄指向何方，β、α 两星的延长线总是指向北极星。这是寻找北极星的最简便的方法。因此这两颗星又被称作"指极星"。

　　在古希腊神话中，大熊和小熊原本是一对母子，是宙斯将它们变成熊并安置到天上成为这两个星座的。

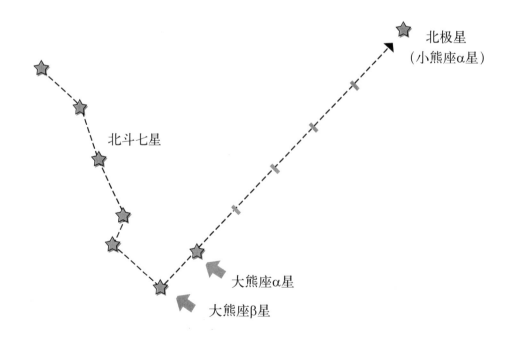

北极星
（小熊座α星）

北斗七星

大熊座α星

大熊座β星

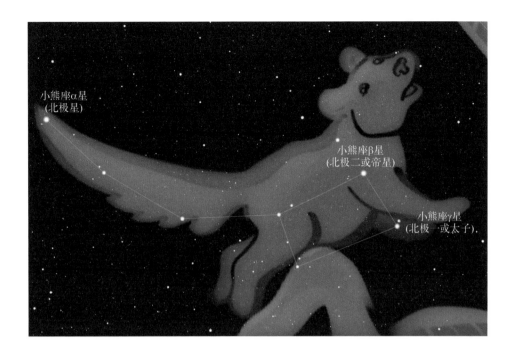

小熊座α星
(北极星)

小熊座β星
(北极二或帝星)

小熊座γ星
(北极 或太子)

春天的天王——狮子座

　　传说尼米亚森林中住着一只相当凶猛的食人狮子，皮厚得几乎刀枪不入，它常常出没在村子附近，对居民和其他动物造成极大威胁。大力士赫拉克勒斯决定为民除害，与狮子展开了一场激烈搏斗，最终赫拉克勒斯赤手空拳将这只狮子杀死。为了纪念这一英勇行为，并将赫拉克勒斯的胜利永载史册，宙斯（或根据其他版本，可能是其他神祇）将这只狮子的形象升上天空，化为了黄道十二宫星座中的狮子座。

古埃及对狮子座非常崇拜，这种崇拜体现在他们的天文观测、宗教信仰以及艺术创作中。值得一提的是，狮子座在我国古代也备受瞩目，古人将其称为"轩辕"，象征着黄帝的神圣地位和无尽的力量。其中，轩辕十四是狮子座最明亮的恒星。

追逐大小熊的牧夫座

　　传说牧夫是一位名叫伊卡里俄斯的农夫，他因发明了耕作用的犂，后来被安置在天上成了牧夫座，以表彰他的功勋及对人类的贡献。

　　另一种与牧夫座相关的传说是，牧夫被认为是阿卡斯。在这个传说中，天后赫拉对大熊和小熊怀有敌意，于是她指派阿卡斯带着猎犬去追逐这两只熊。因此，牧夫座也被称为"守熊的人"。在夜空中，我们可以清晰地看到牧夫座和猎犬座紧跟着大熊座和小熊座，仿佛它们正在北极附近绕着圈子追逐。

　　顺着大熊座北斗柄三颗星的曲线向南，差不多在勺柄长度的两倍远处有一颗很亮的星，这就是牧夫座 α 星，我国古代称它为"大角"。找到了大角，再找牧夫座的其他星就不难了。

　　大角的视星等（视星等表示从地球上观测到的星星的亮度，视星等的数值越小，天体看起来越亮；数值越大，天体看起来越暗）为 −0.04，是全天第四亮星，也是北天第一亮星，它不愧是天上的一盏明灯。

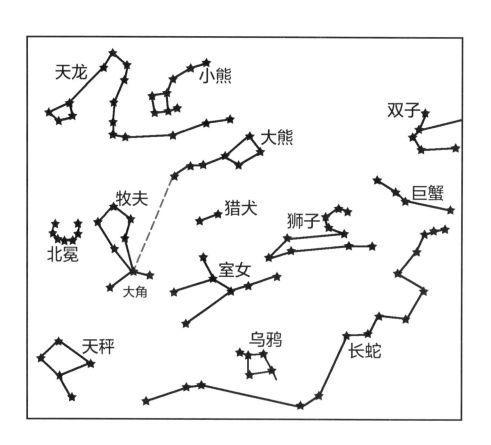

正义的室女座

　　在古希腊神话中，室女座通常与农业和丰收有关，代表丰收女神得墨忒耳或她的女儿珀耳塞福涅辛勤劳作的形象。室女座的出现往往预示着收获季节的来临，人们期待着大地的馈赠和丰饶的生活。

　　顺着大熊座北斗柄的弧线，就可以找到牧夫座 α 星，也就是大角。

沿着这条曲线继续向南找，再经过差不多同样的长度，可以看见一颗亮星，这就是室女座α星，我国古代称为"角宿一"。连接北斗的α星和γ星，延长到七八倍远的地方也可以看到角宿一。

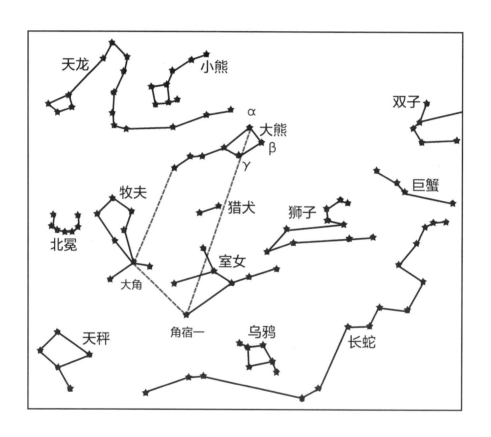

　　好在有角宿一这颗亮星，才没有使室女座（也被称为处女座）这个春天著名的黄道大星座太黯淡。

　　角宿一，作为全天第十六亮星，与大角（牧夫座 α 星）及狮子座的五帝座一（狮子座 α 星）共同构成了夜空中一个醒目的三角形排列，这一组合常被称为"春季大三角"。

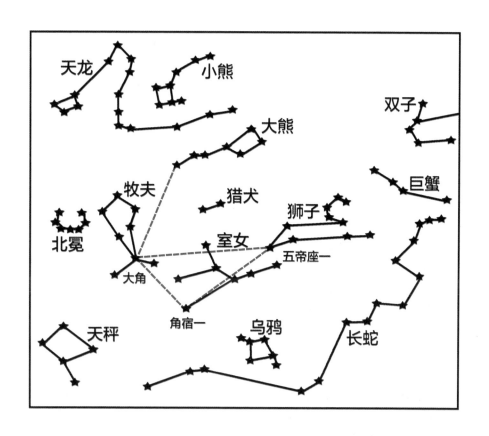

　　春季大三角与猎犬座的常陈一（α星）在夜空中构成了一个醒目的近似菱形图案，人们为了描述这一美丽图案将这一组合通俗地称为"春季大钻石"。

　　在春季观星时，找到大熊座的北斗七星和小熊座的北极星后，我们可以利用它们来导航，紧接着寻找春季大三角。一旦找到了这个大三角，再定位其他星座就会变得相对容易。

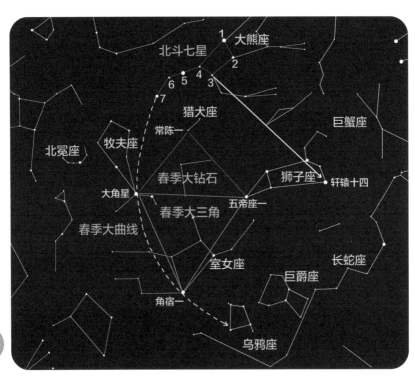

凌晨的银河拱桥

如果你能够早起，春天的凌晨是观察和拍摄银河拱桥的最佳时机。夏季的银河虽然更加灿烂，但是位置太高，不利于观察它的全貌。而在春季的凌晨，银河会从东方地平线处缓缓升起，和地面景物搭配在一起，就像一条弯弯的拱桥横跨南北天空。

想一想

　　不同文明对星座的划分都有自己的标准，因此在不同的地区和文明中，同一颗星往往被划分在不同的区域，成为不同星座的一部分。但是，北斗七星是个例外，不同地区的人往往都把它们划分在一组之中，这是为什么？

试一试

到天象厅观察模拟春季星空，熟悉主要星座的位置关系和形象特征。

小总结

通过对春季星座的学习，我知道了 ＿＿＿

＿＿＿＿＿＿＿＿＿＿＿＿＿＿＿＿＿＿＿

＿＿＿＿＿＿＿＿＿＿＿＿＿＿＿＿＿＿＿

＿＿＿＿＿＿＿＿＿＿＿＿＿＿＿＿＿＿，

懂得了＿＿＿＿＿＿＿＿＿＿＿＿＿＿＿

＿＿＿＿＿＿＿＿＿＿＿＿＿＿＿＿＿＿＿

＿＿＿＿＿＿＿＿＿＿＿＿＿＿＿＿＿＿＿

＿＿＿＿＿＿＿＿＿＿＿＿＿＿＿＿＿＿。

4 星空美图——星图

    上面这幅图中，有各种各样、千奇百怪的动物，以及神态各异的神话人物。那么，它究竟一幅画，还是一张图？

    它其实是人们认识星空的工具，也是人类探索浩瀚宇宙的历史见证。简而言之，它是一张星图。

认识星图

星图的种类繁多，它们的主要用途在于帮助人们辨认星星。有空的时候，你可以查阅一下常见的星图类型，并了解每种星图的特点及其使用方法。

在电子星图出现之前，对于同学们来说，最便于使用的就是活动星图（也叫旋转星图、旋转星盘），即便到了今天，许多天文爱好者手中依然会珍藏一种或多种活动星图。

活动星图能够大致展示出在不同日期和时间，我们实际能观察到的星空景象，对于初学者来说，它在辨认星座方面能提供很大的帮助。不同纬度地区的观测者应当选择与自己所处地理纬度相匹配的旋转星图，以确保观测的准确性。以北京为例，应选择适用于北纬40度左右地区的星图。

观察活动星盘，说一说它是由几部分构成的。

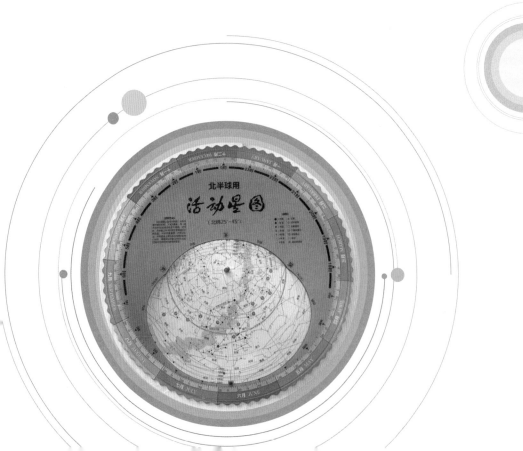

1. 面板上的刻度代表着什么？中间的椭圆孔有什么用？
2. 星盘上的刻度代表着什么？星盘上的星点为什么有大有小？
3. 星盘转动模拟了什么？星盘应当怎样转动？
4. 星图中为什么没有行星和月球？

星盘的使用说明

　　首先，我们需要知道的是，星盘的刻度代表观测时间，而面板的刻度代表观测日期。这意味着通过转动星盘，将观测的时间对准星盘的日期，星盘上所显示的便是要观测的那天、那个时刻的星空布局。

　　因为星图是从地球的观察角度绘制的，也就是用从下往上看天空的角度制作的，所以这与我们日常看地图的方向相反。

正常来说，如果我们面向北方站立，那么我们的左手边是西方，右手边是东方。但在星图中，为了更真实地反映我们抬头看天空时的视角，通常会将北方置于星图的上方，南方置于下方，此时西方就会对应星图的右侧，而东方会对应星图的左侧。

因此，对于北天星空，当我们抬头看时，北方是向下的，想要让星图上的方向与实际观测的方向一致，我们需要将星图倒转，使得星图上的北方与我们地理坐标的北方对应。这样，星图上的其他方向就会与实际观测的方向相匹配。

对于南天星空，情况则相反。当我们观测南天星空时，南方是向下的。因此，为了让星图上的方向与实际观测的方向一致，我们不需要倒转星图，而是正放星图，使星图上的南方与我们地理坐标的南方对应。

初次认星时，先辨认较亮的星星，例如北极星、轩辕十四星、北斗七星等，逐渐地你就可以辨认较暗的星星，每次观星都尝试辨认一两个新的星星或星座，很快你就会熟识星空了。

请你到大自然中，利用活动星图认识一些亮星和星座吧。

夏季观星

同学们最喜欢哪个季节的星空呢?从古至今,人们最熟悉的星空还是夏季星空。这不仅是因为夏季星空中有灿烂的银河、耀眼的群星,还因为夏季星空有许多动人的传说。

夏季星座及其传说

猎户座的仇敌——天蝎座

你知道冬季星空中的猎户座吗？关于它的由来也有一个传奇的神话故事。传说中猎人奥利翁被猎神派出的一只毒蝎蜇死，升天成为猎户座，而那只蝎子后来也升到了天空成了天蝎座。为防止这对仇敌再相互争斗，宙斯将他们安置在天球两边，一个升起时，另一个便落下，永世不能相见。

心宿二

天蝎座位于黄道带上，位置偏南，在天秤座和人马座之间。它拥有一颗一等星——天蝎 α 星（心宿二），还包含大约 5 颗二等星和 10 颗三等星。

这些星的排列类似"S"形，如同一只大蝎子位于银河中段，并延伸到银河南端。"大蝎子"的心脏位置就是心宿二。在我国，它是东方苍龙七宿中心宿的第二颗星，所以称为心宿二，又称为"大火"，过去用来确定季节。"七月流火"即是大火西行，预示着炎热的夏季即将结束，天气将转凉。

心宿二是一颗放射着红光的美丽恒星，它不仅是天蝎座中最亮的一等星，也是夏夜南天中最亮的星之一。有趣的是，心宿二是一个双星系统，由一个红超巨星和它的伴星（蓝主序星）共同组成，使得心宿二在观测上呈现为"双星"。

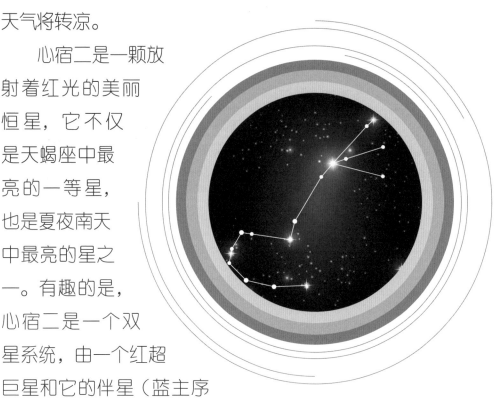

心宿二以其庞大的体积而著称，主星的直径是太阳的 600 倍以上，但密度还不到太阳的 1/5000000，是一颗红超巨星。这颗超巨星和天蝎座、半人马座以及相邻星座内的数百颗恒星，以相对于太阳每秒 24 千米的速度运动，天文学家们把它们统称为"天蝎 – 半人马星协"。

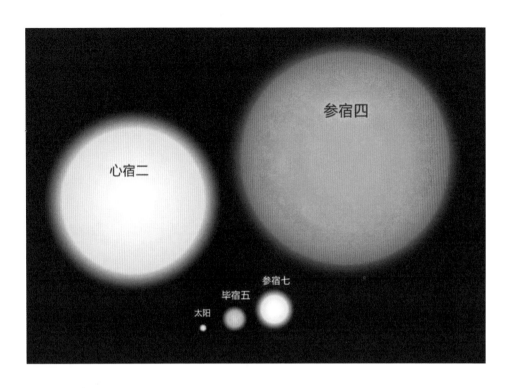

英雄的丰碑——武仙座

武仙座是夏季夜空中一个面积庞大的星座，它包含了相当多的三等星和四等星，所以，尽管它没有一颗二等以上的亮星，却在晴朗的夜空中仍然清晰可见。武仙座最亮的恒星是武仙座 β 星，也被称为天市右垣一（在中国

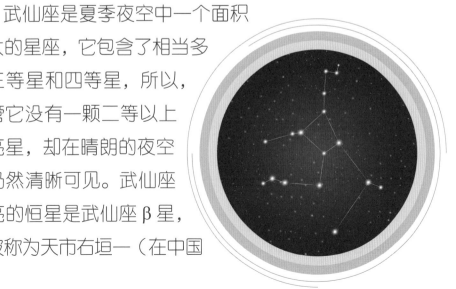

古代星官体系中的名称），这是一颗黄巨星，视星等约为2.8等。

武仙座不仅在天文学上有着重要的地位，还与古希腊神话中的盖世英雄大力神赫拉克勒斯紧密相连。传说赫拉克勒斯是一位威力无比的英雄，他一生完成了包括杀死尼米亚狮和九头蛇在内的十二项不可能完成的英雄伟绩，深受人们的称颂。此外，他还解救过为人类盗取天火火种的普罗米修斯，展现了其英勇无畏的精神。赫拉克勒斯死后，宙斯为了纪念这个英勇无比的儿子，将他升入天空，化作了璀璨的武仙座。

一个不幸的音乐家的纪念碑——天琴座

天鹅座附近有一个小星座——天琴座。每当夏秋季节，人们仰望夜空中的天琴座时，就会想起希腊神话中的那位不幸的音乐天才——俄尔普斯。

俄尔普斯不仅拥有优美的歌喉，还是举世无双的弹琴圣手。当他演奏时，天上的神和地上的人类都为之陶醉而忘却一切烦恼，就连森林中的野兽听了他的琴声也变得柔顺温和。然而，俄尔普斯的妻子欧律狄克不慎被毒蛇咬

伤，不幸中毒死去，为了挽救心爱的妻子，他用歌声感动了冥河上的艄公和看守地狱大门、长着三个头的狗，甚至连冷酷的冥府之神哈德斯也被他哀婉凄楚的歌声所感动，最终同意他带着妻子返回人世。

但冥王提出了一个严厉的告诫：在他们离开冥界之前，俄尔普斯绝对不能回头望向他的妻子。俄尔普斯领着他的爱妻向光明的人间走去，当人间已经近在眼前时，俄尔普斯却忍不住回头望了望他的爱妻。就在这一瞬间，欧律狄克在悲惨的呼救声中又被死亡之手拽回地狱。俄尔普斯悔痛欲死，变得脾气暴躁，最终因为得罪了众人而被杀。宙斯同情俄尔普斯的悲惨遭遇，便将他用过的宝琴升上天空，化作了璀璨的天琴座。

　　天琴座中的主星天琴 α，就是我们熟悉的织女星，它是夏季大三角的顶点之一，位置显著，亮度极高，有"夏夜女王"之称。在织女星附近，有四颗小星构成一个小小的菱形，在中国古代，传说是织女用的梭子，因此得名"梭子星"。而在古希腊神话中，"织女"和"梭子"等星则被想象为一架七弦琴，即天才音乐家俄尔普斯的宝琴。

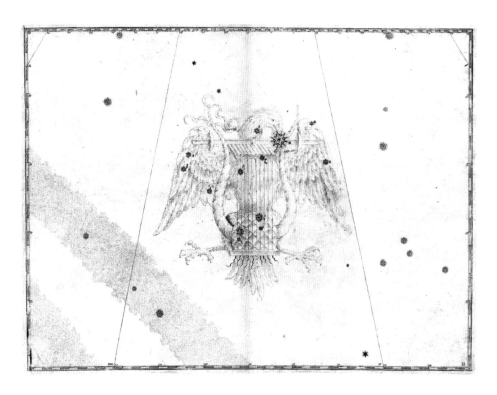

宙斯的化身——天鹰座

天鹰座是赤道带星座之一，位于天琴座的南边以及天马座的北边。在希腊神话和中国神话中，天鹰座都有着丰富的传说故事。

在古希腊神话中，天鹰座与宙斯和赫拉的女儿赫柏有关。赫柏是神国中最高贵的公主，负责在众神的聚会中斟酒，为宴会增添欢乐气氛。然而，当大英雄赫拉克勒斯被宙斯和赫拉选定为赫柏的伴侣后，宴会上再也看不到赫柏的身影。为了填补这一空缺，宙斯化作一只大鹰，飞向人间寻找合适的少年来代替赫柏。最终，宙斯选择了甘尼美提斯，将他带到天界，使其成为众神的酒侍。为了纪念这一事件，宙斯将大鹰的形象永远留在天空，形成了天鹰座。

在中国神话中，天鹰座的主星牛郎星，也就是天鹰座α星，被认为是牛郎的化身，与织女星遥遥相对。传说中的牛郎和织女被天河隔开，每年七月初七，喜鹊会搭成鹊桥让二人相会。

飞翔的大鸟——天鹅座

天鹅座是北天星座之一，关于它的传说主要源自希腊神话，这些丰富多样的传说为天鹅座增添了神秘色彩，并赋予了它深厚的文化背景。

天鹅座的主星天津四是一颗超巨星，距离地球约2600至3200光年。天津四是已知最明亮和最大的A型恒星之一。此外，天鹅座内还有许多其他亮星和变星，如辇道增七，它是一个著名的双星系统。在这个系统中，主星是一颗金黄色的巨星，而伴星则是一颗蓝色恒星。

天鹅座中蕴藏着诸多迷人的深空天体，如北美洲星云、面纱星云等，然而，这些星云的绚丽色彩通常需要通过摄影技术才能得以充分展现。

天鹅座的主体形象宛如一个巨大的十字，因此也被誉为"北十字"座。在西方文化中，人们将其想象为一只展翅翱翔的天鹅；而在我国民间，它则被称为喜鹊星，传说中的七夕鹊桥会，就是人们对这只巨大"喜鹊"双翅飞架银河两岸的美丽想象。

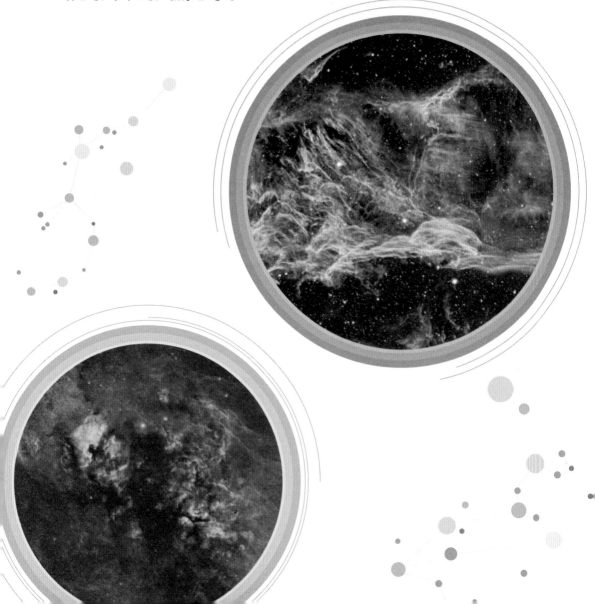

天琴座α星（织女星）、天鹰座α星（河鼓二，即牛郎星）以及天鹅座（天津四）三颗璀璨的亮星，共同构成了一个假想的三角形，成了北半球夏夜星空最显著的标志，被人们亲切地称为"夏季大三角"。

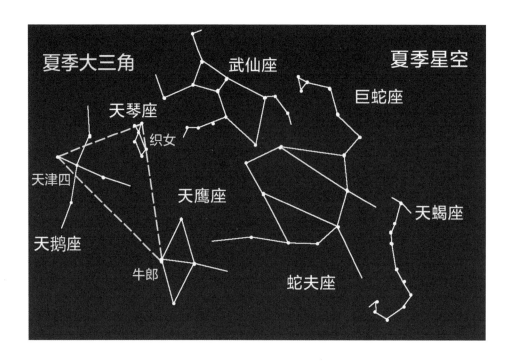

半人半马神——奇伦的悲剧

人马座，又称射手座，象征古希腊神话中博学聪明的半人半马神——奇伦。奇伦极为聪慧，从太阳神阿波罗和月神阿尔忒弥斯那里汲取了丰富的知识与技艺，并无私地将所学传授给众多学生。传说，只要掌握了奇伦所传授的任一技艺，便能在该领域中傲视群雄。

希腊神话中有许多英雄都是奇伦的学生，如特洛伊战争中最勇猛的希腊战士之一阿喀琉斯和医术高超的阿斯克勒庇俄斯等。不幸的是，奇伦在一次意外中误踩了赫拉克勒斯射出的毒箭，遭受了无法治愈的痛苦。尽管他拥有不死之身，但这种痛苦使他无法忍受。最终，奇伦选择了放弃永生，以解脱自己的痛苦。宙斯痛惜奇伦的遭遇，为了纪念他，将他升上天空成为人马座。

夏秋两季，人马座出现在上半夜的南天夜空中。人马座中亮于 5.5 等的恒星数量众多，其中有 6 颗亮星——斗宿一、斗宿二、斗宿三、斗宿四、斗宿五、斗宿六，连接起来构成一把小勺形状，与北斗七星这把"大勺"遥相呼应。由于这 6 颗星位于银河中，所以称为"银河之斗"，又称"南斗六星"。

人马座区域内分布着许多美丽而明亮的星云和星团，其中，有一个特别显著的星云，显得格外明亮。它最明亮的部分外形犹如湖边亭亭玉立的天鹅，因此天文学家给它起了个美丽的名字：天鹅星云。同时，由于它的形状也类似于希腊字母"Ω"，所以还被称为"奥米加星云"。

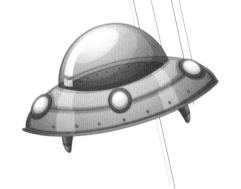

想一想

为什么传说中的鹊桥相会在七月七这一天呢?

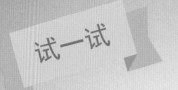

（1）记住夏季星座的大体形状和相对位置，试着把它们画下来。

（2）夏季星空中，有哪些著名的星座？它们里面有哪些亮星？请你填写下表。

星座			
亮星			

6 方向的由来

同学们，你们能够正确辨认方向吗？或许你觉得这很简单，甚至不重要。然而，在某些情况下，辨别方向会变得困难，在特定的情境中，正确辨认方向甚至可能关乎我们的安全。

古人是如何确定方向的

在远古时期，我们的祖先常常因为不能辨别方向而迷路。你能为他们想出一个辨认方向的办法吗？

对，利用太阳。也许你也想到了利用太阳辨别方向的方法。在远古时期，发现这个方法可是一个伟大的创举！从此，人们才有了更加明确和系统的"方向"概念。

那么，为什么我们每天看到太阳从东方升起，西方落下呢？

其实，这并不是因为太阳在相对于地球移动，而是一种视觉上的错觉。地球每天自西向东自转，所以我们感觉太阳好像是从东方升起，向西方落下。这就像我们坐在飞速行驶的汽车上，会感觉周围的景物在向后移动一样。有了太阳作为参照物，我们聪明的祖先学会了在白天利用太阳来辨别方向。

尽管根据太阳能大体辨认方向，但这种方法存在着不小的误差，特别是对于缺乏经验的人来说，有时还是难以准确判断方向。然而，经过许多年的探索和实践，我们的祖先又发明了立竿见影的方法，用来准确指示"正南"的方向。

想一想

（1）为什么缺乏经验的人根据太阳判断方向时容易出现误差？

（2）人们是如何根据影子判断正南方向的？

相对于白天，晴朗的夜晚辨认方向反而要准确得多。

古人在满天繁星中发现了一颗似乎不动的星星，那就是北极星。根据下图所演示的方法，你也可以轻松找到它。

地球在不停地自转，为什么北极星却看起来"纹丝不动"呢？这得益于它所在的位置比较"特殊"。请你用地球仪模拟一下，找一找在地球自转的过程中，哪个位置的星星对我们来说似乎是不动的。

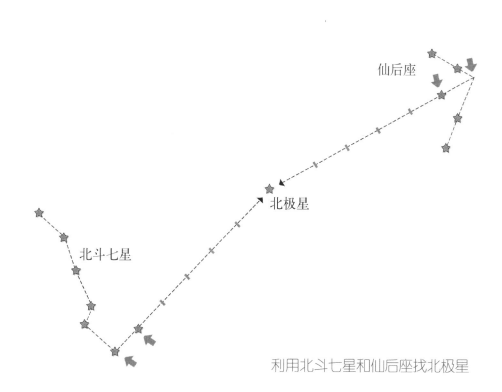

仙后座

北极星

北斗七星

利用北斗七星和仙后座找北极星

试一试

（1）在某一天测一测太阳处在正南方向的时刻，越准确越好。

（2）在家长的陪伴下走到户外，利用仙后座或北斗七星找一找北极星。

（3）请同学们查阅资料，了解一下人们还找到了哪些辨认方向的方法，发明了哪些辨认方向的工具。

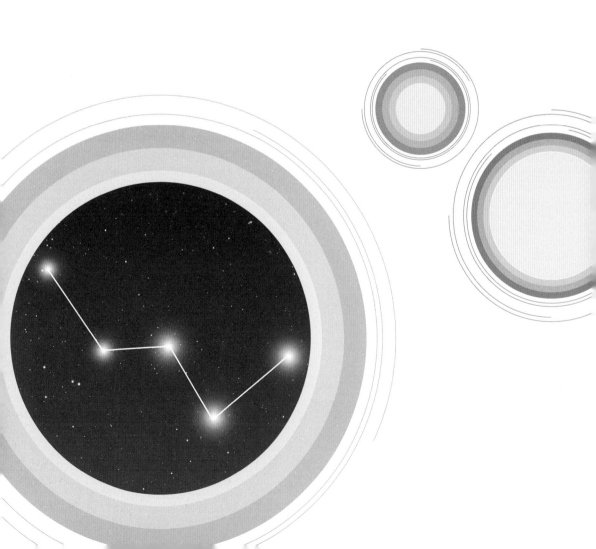

7 秋季观星

有人说，秋天是最美的季节。的确，秋天是个秋高气爽、景色宜人的时节。不仅有漫山遍野的红叶，还有傲骨迎寒竞相绽放的菊花，而在晴朗的夜空中，你更有可能观赏到星空中的"王族"星座，为这美妙的季节增添了几分神秘和浪漫。

王族星座的故事

在很久很久以前，古老的埃塞俄比亚王国有一位贤明的国王西裴斯和一位美丽的王后卡西奥佩亚。他们还有一个美丽的女儿，名叫安德洛美达。

王后卡西奥佩亚非常爱慕虚荣，她自负于自己的美貌，甚至向人夸耀自己比海中仙女奈莉得还要美丽。奈莉得是海神波塞冬的女儿，她听到王后的话后非常愤怒，于是向她的父亲告状。

海神波塞冬脾气暴躁，他认为自己的女儿受到了侮辱，于是决定惩罚埃塞俄比亚王国。他派遣了一只巨大的海怪去骚扰埃塞俄比亚王国，海怪掀起海啸，破坏力极强，王国危在旦夕。

为了拯救王国，唯一的办法是将公主作为祭品献给海怪，不然还会有更大的灾难。尽管心痛如绞，国王还是下令将公主用铁链绑在海边的礁石上，以平息海神的怒火。

然而，就在海怪即将吞噬公主的那一刻，天空中突然出现了一匹长了翅膀的马，马上坐着一位英勇的青年。他是宙斯的儿子珀尔修斯，刚刚完成了斩杀蛇发女妖美杜莎的壮举。珀尔修斯看到公主即将遭遇不幸，立刻俯冲下来与海怪展开搏斗。

海怪凶猛异常，但珀耳修斯凭借着勇气和智慧，最终成功地击败了海怪。

国王西裴斯和王后卡西奥佩亚对珀耳修斯的英勇行为表示了深深的感激，他们为珀耳修斯和安德洛美达举行了盛大的婚礼，并宣布珀耳修斯为王国的英雄。

　　后来，故事中的主人公纷纷升到天空成为秋季星空中的星座。国王成了仙王座，王后是仙后座，公主则是仙女座，珀尔修斯因斩杀美杜莎和解救公主而被铭记为英仙座，那只被击败的海怪成了鲸鱼座，而那匹飞马则被视为秋季星空的重要代表——飞马座。

想一想

　　（1）在这个故事中，你喜欢谁，不喜欢谁？为什么？

　　（2）在这个故事中，包含了哪些秋季星空中的主要星座？你能说出它们的名字吗？

　　（3）为什么这些星座被称为"王族星座"？

　　（4）请在星图中找到这些星座，记住它们的形象和位置关系。

　　（5）你能不能用一句话，简单地概括出以上星座以便人们记忆？

试一试

（1）把秋季星座的故事讲给父母听。

（2）到天文馆或大自然中去，辨认秋季星空中的主要星座。

8 为什么星空在旋转

自古以来，人类便以敬畏之心，仔细地观察着浩瀚星空，渴望从中探寻规律，从而更深入地了解宇宙，揭开更多奥秘。

从地心说到日心说

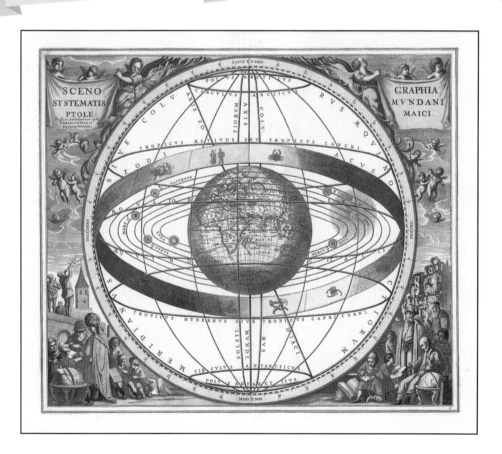

从两千多年前起，人们就已经能够准确地观测出天空中星星的运动，并认为地球是不动的，天空中的星星在围绕着地球转动。这种认识一直延续了很多年。

随着人们观测技术的提高，行星的基本运动规律逐渐被古人掌握了。人们发现，"天体围绕地球转动"的理论虽然能很好地解释恒星的运动，却难以解释行星的运动。希腊萨摩斯岛的阿利斯塔克（约活跃于公元前 310～前 230 年）是一位重要的天文学家，他可能是第一个敏锐地提出地球和五大行星一同围绕太阳转动理论的人，这种理论能够很好地解释各种星体的运动规律。然而，由于当时的人们无法理解"为什么地球在运动而我们却感受不到"，因而他的理论没有被公众接受。

当时更多的天文学家还是把地球当作宇宙的中心，并构建各种复杂的模型来解释行星的视运动。公元 2 世纪，古罗马天文学家托勒密在他的著作《天文学大成》中提出了完整的"地心说"。

到了 16 世纪，随着观测技术的提高，地心说理论计算的结果与实际观测的误差越来越大，此时，日心说逐渐被一些天文学家所接受。在古希腊先贤和同时代学者的启

发下，哥白尼发表了《天体运行论》，进一步发展和确立了"日心说"。

日心说告诉我们，我们所在的地球不是固定不动的，它在自转的同时还和其他的行星一起不停地围绕着太阳转动。

我们在一天内看到的天体运动主要是由地球的自转引起的，这种运动被称为天体的"周日视运动"。在我们看来，所有的天体每天大致都围绕我们旋转一周。南、北天极附近的星体好像在画一个个的同心圆，而天赤道附近的星体则好像在画直线，实际上，这些星体运动轨迹是包括赤道在内的一个大圆的一部分。

这就好比我们坐在一个巨大的旋转椅上，当旋转椅转动时，我们观察到周围的景物似乎都在绕着我们转动。旋转椅轴上方的一切都在做轨迹为同心圆状的运动，而与旋转椅平行的景物，看起来则像在做直线运动，方向与旋转椅的转动方向相反。

想一想

（1）点点的星光在照片上为什么变成了亮线？

（2）地球除了在自转以外，也在不停地围绕着太阳公转。公转会不会造成天体的视运动呢？我们看到的哪些现象是公转造成的天体视运动呢？

小总结

　　我们看到星空旋转是由_____
引起的。地球每天自转_____，因此，
在我们看来，天体每天在天空中运行一周。星流迹照片上
的亮线，就是由于_____而形成的。

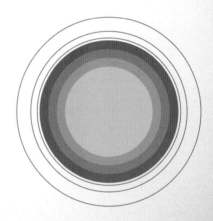

9 冬季观星

天气日渐寒冷，冬天已经悄悄来到了我们身边。虽然万物凋零，但冬季的星空却异常热闹——它是一年四季中最灿烂的星空！

冬季星座及其传说

猎户座——全天最美最亮的星座之一

在全天 88 个星座中，猎户座无疑是最引人注目的星座之一。它包含两颗 1 等星，以及众多 2 等星、3 等星和 4 等星，使得它在夜空中格外醒目。即使在光污染相对严重的大城市，只要冬夜晴朗，人们也能轻松捕捉到猎户座那璀璨的身影。

而关于这个显眼的星座，有一个古老而有趣的传说。

相传猎人奥利翁身强力壮，但同时也极为狂妄。他自夸为狩猎界的顶尖高手，宣称："天下无人能与我匹敌，任何生灵一旦触碰我的武器，必将即刻毙命。"这番狂妄之言激怒了天后赫拉，于是她派遣了一只蝎子来与奥利翁一决高下。最终，奥利翁不幸被蝎子咬伤，丢了性命。为了表彰他生前的勇猛和卓越的狩猎技艺，宙斯将他升至天界，安置在群星之中最为显赫的位置，这便是猎户座的由来。

感人的大犬座

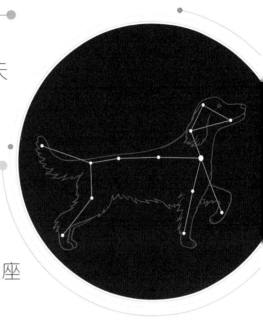

全天最亮的恒星是天狼星。天狼星所在的星座就是冬季南天夜空中的一个小星座——大犬座。整个星座如同一只飞奔的猎犬，扑向它西侧的天兔座。虽然大犬座的面积不大，但却十分明亮，尤其是璀璨的天狼星，更使大犬座引人注目。

在古希腊神话中，大犬座是猎人奥利翁的爱犬西里乌斯的化身。传说奥利翁死后，西里乌斯十分悲伤，终日不吃不喝，最后饿死在主人的屋里。宙斯被其忠诚所感动，将这只猎犬升到天上，成为大犬座。

大犬座的伙伴——小犬座

宙斯唯恐猎犬西里乌斯在天上生活寂寞，于是找了一只小狗与它为伴。这只小狗就是闪耀在大犬座北面的小犬座。

小犬座内肉眼能看到的星星很少，但小犬座 α 星（我国称为南河三）却是一颗 1 等星。南河三与猎户座 α 星（参宿四）、大犬座 α 星（天狼星）构成一个巨大的近似等边三角形，这就是著名的"冬季大三角"。

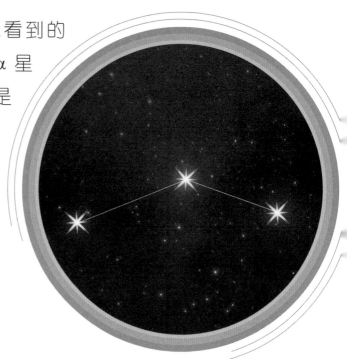

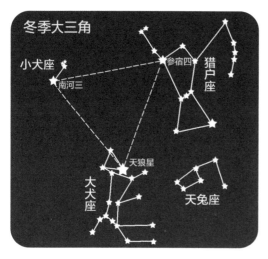

冬季大三角

孪生兄弟——双子座

相传，宙斯有一对亲密无间的双生子。哥哥卡斯托在一次混战中重伤不治，弟弟波拉克斯请求宙斯让他和哥哥永远在一起。宙斯将他们一起升到天上，两人就这样变成了双子座。

双子座是黄道星座，其中包含两颗紧临的亮星：双子座 α 星（北河二）和双子座 β 星（北河三）。在这个星座中，北河三是 1 等星，象征着健壮的弟弟波拉克斯；而北河二象征着哥哥卡斯托，由于"他受了伤"，变得较为黯淡，是 2 等星或接近 2 等星。尽管从远古至今，肉眼观测它们的亮度差异可能并不明显，但现代观测显示，北河三的亮度确实明显高于北河二。

金牛座

金牛座也是著名的黄道十二宫星座之一。毕宿五，作为金牛座 α 星，就位于黄道附近。它和同样处在黄道附近的狮子座的轩辕十四、天蝎座的心宿二，以及南鱼座的北落师门这三颗亮星，在天球上各自相差大约 90 度，正好每个季节对应一颗，由于它们在黄道带上的显著的位置和亮度，这四颗星被合称为黄道带的"四大天星"。

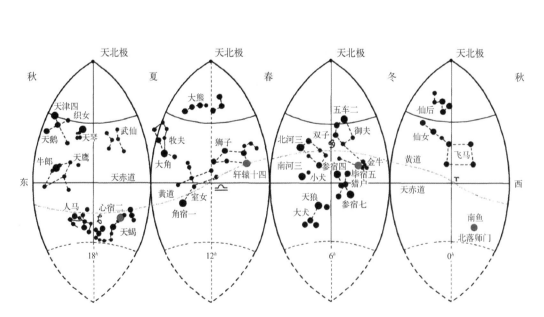

想一想

　　为什么在春夏秋冬的夜空中，我们会看到不同的星座？

试一试

　　到天文馆或大自然中进行观察，熟悉主要星座的位置关系和形象特征，辨认冬季星空中的主要亮星。

10 星星为何会眨眼

当你仰望夜空的时候，或许曾注意到这样一种现象：星光在不停地闪烁，仿佛是一只只眨动着的眼睛，连儿歌里也唱道："一闪一闪亮晶晶，满天都是小星星……星星张着小眼睛，闪闪烁烁到天明。"然而，星星真的会"眨眼"吗？为什么星光一直闪烁不停呢？

请你在几个晴朗的夜晚，对天空中的星星进行观察，并填表记录（根据星体的闪烁程度在相应的位置下画"√"）。

日期	
气温	
风力	
空气湿度	
观察地点 海拔高度	
空气污染指数	
目视极限星等	

位置 现象 类型	恒星			行星			月亮		
	明显	轻微	不闪	明显	轻微	不闪	明显	轻微	不闪
天顶附近									
地平线附近									

对比同学们观察记录结果，你发现了哪些相同点？又有哪些不同点？接下来，请你思考星星"眨眼"的现象可能与以下什么因素有关？

和观测地点的海拔有关？

和空气的稳定性有关？

完全是随机的，有些星星闪，有些就不闪？

与星星的亮度有关？

关于星星眨眼的说法

　　很多人对星星"眨眼"的现象都很感兴趣，一些资料上给出了以下两种解释。

解释一

　　夜晚，我们常看到星星似乎在闪动，好像在眨眼，为什么呢？这是由于大气的流动造成的。如果我们再仔细观察会发现，并不是所有的星星都如此"眨眼"，有一部分星星的光芒相对稳定。

　　凡是眨眼的星星通常都是距离太阳非常遥远的恒星，这些星星的光线要穿越很厚的大气层才能透射到地面上。而大气层并非静止不动，它随着冷暖空气的上升和下降，在风的作用下不断运动。

　　当这些遥远的星星的光线穿过高空大气时，受到不同密度和温度大气的折射和散射，导致星光时而汇聚，时而发散，使人眼看到的光线显得动荡不定，从而产生星星在"眨眼"的视觉效果。

　　而那些看似不眨眼的星星则是离地球较近的天体，它们受大气层的影响较小，因此看起来没有闪烁现象。

解释二

其实，星星本身是不会眨眼的。

平时，我们透过火光观察物体时，总会感觉它们在晃动，在阳光炽热的夏天，远处的景物也显得恍恍惚惚。这是因为地球上的空气在不断流动，热空气上升，冷空气下降，从而干扰了光线的直线传播，使得远处的景物看起来总是在"晃动"。

同理，当我们透过地球周围这层厚重的大气层观看星星时，星星也会因为大气层的干扰而显得在晃动，再加上星星距离我们非常遥远，肉眼难以看清细节，于是我们就感觉星星总是一闪一闪的，像是在眨眼睛。

想一想

你认为怎样解释星星眨眼的现象更合理？为什么？你能想办法证明哪一种解释正确吗？

小实验

（1）请准备以下实验材料：激光笔（注意避免直射眼睛）、手电筒、水盆、揉成不规则形状的锡纸。

在水盆内注入半盆清水，打开激光笔开关，照射水中揉皱的锡纸，观察并记录反光现象。接着，轻轻搅动盆里的水，你看到了什么现象？

换用手电筒重复上述的实验步骤，你有什么发现？

（2）请你准备以下实验材料：蜡烛、小电珠、圆纸片、火柴或打火机。

点燃蜡烛，并等待火焰稳定。然后，保持一定的距离，透过蜡烛火焰上方的空气观察圆纸片，你能观察到它的晃动吗？

接下来，用同样的方法观察小电珠，你能观察到它的晃动吗？

实验结论

通过上述实验，我发现＿＿＿＿＿＿＿＿＿＿＿＿＿＿＿＿＿＿＿

＿＿＿＿＿＿＿＿＿＿＿＿＿＿＿＿＿＿＿＿＿＿＿＿＿＿＿＿＿＿＿＿＿

＿＿＿＿＿＿＿＿＿＿＿＿＿＿＿＿＿＿＿＿＿＿＿＿＿＿＿＿＿＿＿＿＿

＿＿＿＿＿＿＿＿＿＿＿＿＿＿＿＿＿＿＿＿＿＿＿＿＿＿＿＿＿＿＿＿＿

＿＿＿＿＿＿＿＿＿＿＿＿＿＿＿＿＿＿＿＿＿＿＿＿＿＿＿＿＿＿＿＿＿

＿＿＿＿＿＿＿＿＿＿＿＿＿＿＿＿＿＿＿＿＿＿＿＿＿＿＿＿＿＿＿＿＿

想一想

了解了星星眨眼的科学原理，你现在能不能解释：为什么天文台都建在高山上？天文摄影为什么尽量不选择地平线附近的目标？

11 我为星空留倩影

相信你所见过的星空是无比壮美的，可是你知道吗？照片中的星空同样能展现出令人震撼的美！只要你掌握了简单的摄影技巧，便能拍摄出许多既蕴含科技魅力，又不失艺术美感的星空摄影作品。下面，就让我们一起学习如何拍摄那梦幻般美丽的星空吧。

想一想

（1）这张星流迹照片拍摄于白天还是夜晚？你是怎样看出来的？

（2）照片中的弧线是什么？它们是怎样产生的？

（3）你认为这幅照片是怎样拍摄出来的？

（4）对于这幅作品，你还有什么想提出的问题？我的问题是：＿＿＿＿＿＿＿＿＿＿＿＿＿＿＿＿＿＿

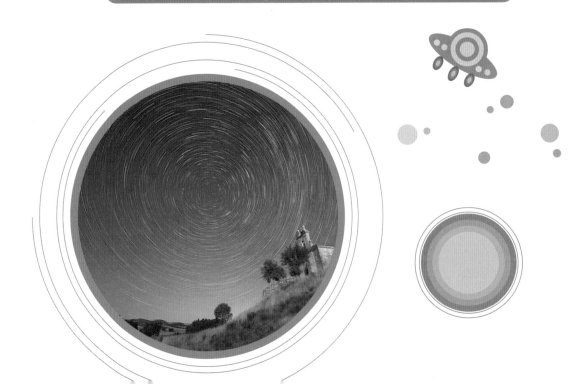

星流迹是如何形成的

　　星流迹的形成是恒星视运动的结果。由于地球自转，地面上的观测者如果持续观测会看到天体在一恒星日内沿着与赤道平行的小圆，自东向西在天球上转过一周。这个圆被称为天体的周日平行圈，而这种直观的运动则被称为天体的周日视运动。由于这种运动相对缓慢，所以仅凭肉眼很难立即察觉（但如果借助参照物，并在一段时间后再次观察，就能够发现这一运动）。

但是，当相机固定并进行长时间曝光时，它很容易记录下星体的运动轨迹。如果相机正对着赤道，照片上的星体将会划出直线；如果相机正对着北天极，则照片上的星体会呈现出围绕着北极星旋转的同心圆。曝光时间越长，星迹就越长。如果镜头并非指向北天极，星流迹的长短还会受到镜头焦距的影响。镜头焦距越长，在相同时间内拍摄的星流迹就越长。

拍摄星流迹的器材和注意事项

相机机身的选择

由于拍摄星流迹曝光时间很长，为了避免频繁更换电池，使用胶片相机时最好选择机械相机。

在使用数码相机拍摄星流迹时，长时间曝光会增加噪点。因此，建议采取连续拍摄、后期叠加的方法。这种方法不仅能拍摄出更加壮观的星流迹，对天空背景洁净程度的要求也不高，因此成为当今拍摄星流迹的主流方法之一。随着数码技术的不断发展，越来越多的人选择使用数码相机来拍摄星流迹。

镜头的选择

　　一般情况下，星流迹摄影需要与地面景物相搭配，以表现宇宙的浩瀚与自然的和谐。因此，在镜头的选择上，多倾向于广角甚至鱼眼镜头，也有少数人使用标准镜头拍摄星迹，但使用中长焦镜头拍摄的星流迹作品则相对罕见了。

　　这里提到的广角、中焦、长焦镜头，是根据镜头的焦距来区分的。具体来说，镜头焦距越长，视角越窄；镜头焦距越短，视角越宽。

为了捕捉到更多的亮星，摄影镜头的光圈选择应尽可能大。光圈值通常标记在镜头焦距的旁边，常见的光圈值包括 1.4、2、2.8、4、5.6、8、11、16 等。重要的是，光圈值与光圈大小成反比：光圈值越小，光圈越大，允许通过的光线就越多；相反，光圈值越大，光圈越小，通过的光线就越少。在焦距相同的情况下，光圈越大的镜头往往价格也越高。

镜头上的光圈是一个用于调节光线通过量的装置。它由若干金属叶片组成，这些叶片能够像人眼的瞳孔一样调整中央孔径的大小。当叶片完全打开时，就达到了该镜头的最大光圈，此时允许最多的光线进入镜头。

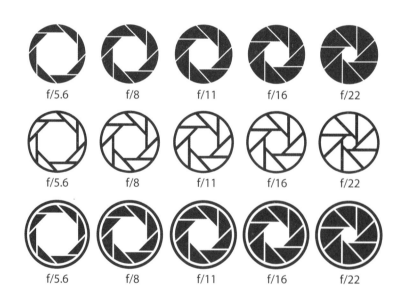

三脚架的选择

三脚架的种类繁多，天文摄影要选择那些更为稳固的款式。一般来说，好的三脚架又稳又轻，便于携带。然而，在天文摄影中，轻便与否可以放在其次，稳固性应放在首位。

三脚架的云台种类也很多，目前比较流行的是球形云台。但是，这种云台在天文摄影中并不十分适用，建议选择三维云台（三向云台、三轴云台）或悬臂云台。

其他器材的选择

快门线是天文摄影中常用的附件，尤其在星流迹摄影中更是不可或缺。数码相机大多使用电子快门线，也有些特殊的型号可以使用机械快门线。电子快门线有的设计简单仅是机身快门的延伸，没有其他作用。有的则功能复杂，能够作为机身功能的扩展和补充。

在星流迹摄影中，快门线不需要过多的附加功能，但必须具备快门锁功能。这样当我们按下快门按键并锁住后，相机可以在连拍模式下连续拍摄，从而捕捉到星流迹的完整轨迹。

曝光参数的确定

曝光量由曝光时间（快门速度）、镜头光圈，以及相机感光度共同决定。曝光时间越长、光圈越大、感光度越高，曝光量就越大，这样便能拍摄到更多暗弱的星体。当我们设定曝光时间为 30 秒时，应尽量将光圈调至最大，接下来则主要调节相机感光度以获得合适的曝光。

在拍摄准备阶段，需观察天空背景亮度。天空背景越暗，感光度可以调得越高，若天空背景较亮，感光度就可以调得低一些。在正式拍摄前，我们可以先试拍一张，如果画面过亮，应降低感光度；若星体太少，则要增加感光度。

拍摄地点的选择

要想创作优秀的星迹摄影作品，不仅要选择天气晴朗、空气通透的拍摄时机，最好还能挑选一个风光秀丽的拍摄地点。

夜空中的星流迹，搭配上地面的景物会让照片更具艺术感染力。

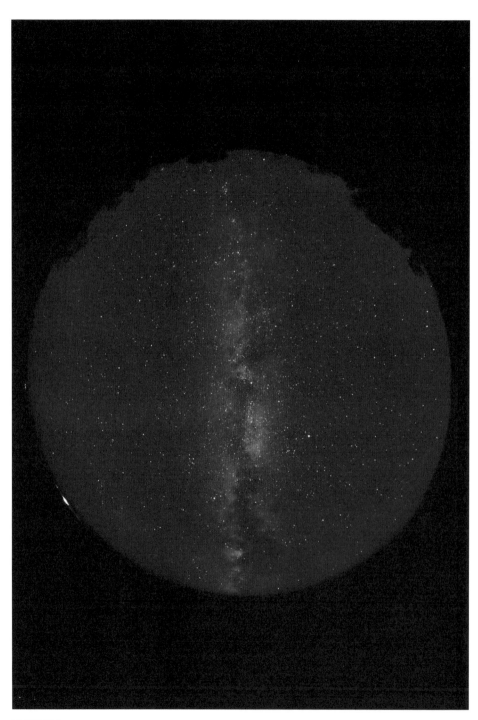

唐贺/摄

12 恒星不"恒"

晴朗的夜空，繁星点点，像黑天鹅绒的帷幔上镶嵌着一颗颗的钻石，又像是一群萤火虫飞散到了天上，融入了宇宙。星星的种类很多，不过在我们肉眼看到的星空中，除了太阳系内的行星、流星和彗星之外，其他绝大多数都是恒星。像太阳那样能够自己发光发热的天体，就是我们所说的"恒星"。

恒星是永恒不动的吗

你知道它们为什么被称作恒星吗？

在古人看来，恒星都是恒定不动的。比如，几千年前的冬天，猎户座出现在夜空的正南方向，而几千年后的冬天，它依然在那里；几千年前的北斗七星像一把大勺子悬挂在高空中，几千年后，它依然是那个形状。然而，恒星真的是永恒不变，静止不动的吗？

其实，恒星也都在不断地运动，而且它们的运动速度比我们想象的要快得多。只不过，由于距离太过遥远，我们难以察觉到它们的移动。要想解释这种现象并不难，我们可以通过观察和实验来理解这个问题。

请先观察近处驶过的车辆，你感觉它的速度怎样？接着，再观察远处行驶的车辆，它们的速度又带给你怎样的感觉？你看到过高空中飞行的飞机吗？它的速度在你看来又是怎样的呢？

飞机的速度无疑要比汽车快得多，然而，由于它距离我们较远，看起来并不显得那么迅速。相反，汽车因为离我们较近，所以给我们的感觉好像更快一些。而且，当汽车离我们越来越近时，这种感觉似乎会更加明显，好像它的速度在不断加快一样。

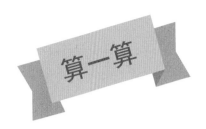

算一算

　　除太阳以外，其他恒星离我们都非常远，以至于用"千米"来衡量这么遥远的距离变得非常繁琐。因此，我们采用"光年"作为衡量恒星之间距离的单位。1光年，就是光在一年中能够行进的距离。我们已知光速大约为每秒30万千米，那么，你能计算出光在一年里能行进多远吗？

　　离太阳系最近的恒星是半人马座的比邻星，它距离我们大约4.3光年。请你试着算一算：比邻星距离太阳到底有多少千米呢？

比邻星距离太阳：

对于我们而言，某些恒星的距离显得如此遥远，几乎难以触及。然而，在广袤无垠的宇宙中，这样的距离却显得微不足道。根据当前天文学研究的最新成果和观测数据，我们已经能够探测到距离地球极为遥远的恒星，它们的光线穿越了数十亿年的漫长时光才抵达我们的视线。

由于距离的不同，在我们看来，恒星的视运动速度也有差异。例如我们最熟悉的北极星，其位置在几千年前与现在就有很大的不同。

很多年前，它并不在北极的位置，例如，公元前 3000 年左右，在北极星位置上的是天龙座的"右枢"，根据天文学家的预测，明亮的织女星，将来也会代替北极星出现在北极的位置上。不过，在我们的一生中，几乎观察不到北极星位置的显著变化。

地球在自转，并绕太阳公转，行星和恒星也在不停地运动。这就是我们运动的世界，我们运动的宇宙。

恒星的演化

　　恒星演化就是一颗恒星从诞生、成长、成熟到衰老死亡的过程，这是一个十分缓慢的过程。

1.诞生

　　恒星的诞生通常起源于巨分子云。一个巨分子云的质量可达太阳的 1 万～100 万倍，直径约为 50～300 光年。在一定条件下，分子云会发生引力坍缩，即在自身物质的引力作用下向内塌陷，继而坍缩为一个具有一定密度的球

体，这被称作原恒星。原恒星是恒星形成过程中的早期阶段，标志着恒星演化的开始。

一颗质量超过约 0.08 倍太阳质量的原恒星，能够达到足够高的温度和密度从而引发氢核聚变，这种氢核聚变为原恒星提供能量，抵抗引力坍缩，使其稳定下来并演化为主序星。而质量小于 0.08 倍太阳质量的原恒星，通常无法引发核聚变反应，因此可能形成褐矮星或次恒星天体，这些天体会在数亿年的时间内逐渐冷却，失去内部的热能量。对于质量更小的原恒星它们可能会演化为行星，类似太阳系中的行星。

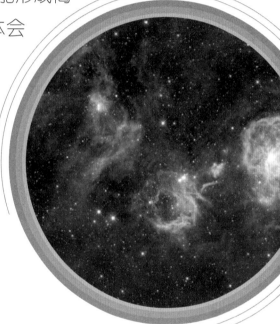

这片横跨船帆座的巨大尘埃和气体云内部正在形成新的恒星

剑鱼星云，哈勃太空望远镜拍摄的一幅全景图。在这里，成千上万的恒星正在诞生

2.成长期

恒星在这个阶段形成主序星，主序星是指那些位于主星序上的恒星，它们是正在通过核聚变将氢转化为氦来产生能量的恒星，这些恒星有不同的颜色和大小，高热状态的通常呈现蓝色，而冷却中的则呈现红色，质量范围从小至 0.5 倍太阳质量到大至 20 倍太阳质量不等。太阳也位于主星序上，主星序这个阶段占据恒星寿命的绝大部分时间。当恒星燃烧完核心中的氢之后，它就会离开主星序。

3.成熟期

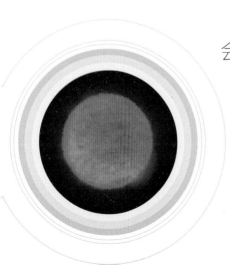

恒星在耗尽核心氢燃料后，可能会形成红巨星或红超巨星。红巨星时期，恒星的体积可以膨胀到主星序阶段时的数百倍甚至更多，这个阶段通常可以持续数百万年。恒星的下一步演化将再次由其质量决定。

4.衰退期

恒星可能以三种主要的方式结束其生命周期：转变为白矮星、演化为中子星或在极端条件下坍缩成黑洞。

人类尚未直接观察到低质量恒星的演化终点。这是因为它们的寿命非常长，像比邻星这样的红矮星（一种低质量恒星）的寿命可达数千亿年，在核心反应停止后，红矮星会在电磁波的红外线和微波波段逐渐暗淡。

中等质量恒星在达到红巨星阶段时，如果其质量在0.4～3.4倍太阳质量之间，外壳会向外膨胀，而核心则向内压缩，这种巨大的波动会使得外壳获得足够的动能，最终脱离恒星，形成行星状星云。

图中所示的葫芦星云是低质量恒星死亡的一个典型例子。这张照片由哈勃太空望远镜拍摄，显示这颗恒星正在从红巨星快速转变为行星状星云

这三张照片来自斯皮策太空望远镜，展示了被称为行星状星云的垂死恒星的残骸。行星状星云是类似太阳的恒星生命的晚期阶段

　　行星状星云中心留下的核心会逐渐冷却，最终成为小而致密的白矮星，这些白矮星通常具有约 0.6 倍的太阳质量，但体积与地球相当。由于失去了能量来源，白矮星会在漫长的岁月中释放出剩余的能量，逐渐暗淡下去。最终，当所有能量释放完毕后，白矮星将演变成黑矮星。

　　大质量恒星（超出 5 倍太阳质量）在外壳膨胀成为红超巨星之后，其核心开始受到重力压缩，导致温度和密度急剧上升从而触发一系列聚变反应。这些聚变反应会生成越来越重的元素，并释放出巨大的能量，暂时延缓恒星的坍缩。然而，当核中心的重元素也消耗殆尽时，坍缩将无法被阻止，此时，恒星可能会经历一次超新星爆发，抛出其外层物质，而核心则有两种可能的命运：如果质量适中，可能会塌缩成一颗中子星；如果质量足够大，甚至可能会塌缩成一个黑洞。

这张模拟图片显示出一颗巨大超新星爆炸的恒星的核心

NGC 1068 的合成图像，内有一个快速增长的超大质量黑洞

想一想

1. 太阳最终会成为什么天体？太阳系中的气体天体命运将会如何？

2. 人类如何应对天体演化带来的灾难？

部分答案

P8 想一想

几乎所有的古老文明都有自己的星座体系，为什么人们一定要把星空划分成若干星座呢？

自古以来，人们就渴望了解星空的奥秘。然而，夜空中的恒星数量庞大，这使得直接认识和记忆它们变得非常困难。为了解决这个问题，人们智慧地将星空划分为若干区域，每个区域被赋予一个特定的名称，即星座。通过这样的划分，人们能够更有条理地认识和了解星空，每个星座都成了夜空中的一块"拼图"，帮助我们更好地解读这片浩瀚的星海。

P16 想一想

（1）在夜间操作天文观测设备时，为什么建议在使用手电或头灯时包上红布或直接使用红光灯？

眼睛对红光相对不敏感，当我们遇到红光时，瞳孔不会明显变小。因此，使用红光灯后，人眼依旧可以较好地适应黑暗的环境。相反，如果使用白光灯，瞳孔会明显缩小，一旦关灯，就需要较长时间才能重新适应黑暗环境。所以，为了保持对黑暗环境的适应能力，我们在夜间操作设备时会选择使用红光灯。

（2）在夜间操作设备时，照相机的液晶屏亮度为什么要调暗一些？

夜间人眼的瞳孔会放大，以适应昏暗的环境。当我们观察相机的液晶屏时，由于瞳孔的放大，我们会感觉屏幕比正常情况亮很多，这可能会造成我们对照片亮度的误判。因此，为了让我们观察的结果更接近照片的真实亮度，我们需要把液晶屏的亮度调暗一些。

P30 想一想

不同文明对星座的划分都有自己的标准，因此在不同的地区和文明中，同一颗星往往被划分在不同的区域，成为不同星座的一部分。但是，北斗七星是个例外，不同地区的人往往都把它们划分在一组之中，这是为什么？

第一个原因是北斗七星的形状非常形象，也就是说它们组合在一起的形状非常具有辨识度。因此，当不同文化的人们开始划分星空区域时，很自然地把它们组合在了一起。

第二个原因是北斗七星的亮度相对较高，而且彼此之间的亮度也接近，这使得它们容易被不同地区的人们观察到并归为一组。

第三个原因是北斗七星位于北极星附近，这使得在许多主要地区，一年四季都容易观察到它们，从而增加了它们被不同地区和文明共同关注的机会。

第四个原因是北斗七星具有指示北极星、季节甚至是时间的作用，这使得它引起了几乎所有古老文明的共同关注，进而在多种文明中被普遍地划分在同一组之中。

P37 想一想

4. 星图中为什么没有行星和月球?

行星和月球在恒星背景中的位置有明显的变化,它们不像恒星那样在不同时间和日期保持固定的相对位置。由于这种位置的不固定性,行星和月球通常不被包含在静态的星图中。

P55 想一想

为什么传说中的鹊桥相会在七月七这一天呢?

传说中的鹊桥相会之所以安排在七月七这一天,是因为七月是银河最为灿烂的季节。而特别的是,在七月七这一天,由于月相的干扰,银河仿佛突然暗淡了。这时,位于银河中的天鹅座(也被称为喜鹊星)由于其亮度较高,反而凸显出来,它的双翅仿佛横架在银河两岸,形成了一座象征性的桥梁。这样的天文现象与"鹊桥"的传说相呼应,使得这一天成了鹊桥相会的理想选择。

P60 想一想

(1)为什么缺乏经验的人根据太阳判断方向时容易出现误差?

缺乏经验的人根据太阳判断方向时容易出现误差,这主要是因为太阳的位置并不是每天都从正东升起、正南落下。实际上,只有在春分和秋分这两天,太阳才会遵循这样的轨迹。在其他日期,太阳的位置总会偏南或偏北。此外,当太阳处于高空时,由于光线的广泛照射,也不容易准确判断方向。这两个因素共同作用,使得没有经验的人在尝试根据太阳来判断方向时,很容易产生误差。

P81 想一想

为什么在春夏秋冬的夜空中，我们会看到不同的星座？

我们之所以在春夏秋冬的夜空中看到不同的星座，是因为地球在自转的同时也在绕太阳公转。这种公转导致地球在一年中的不同时间处于不同的位置，从而使得我们观察到的星空也随之变化。虽然间隔一天很难看出这种变化，但是当我们比较不同季节的星空时，这种变化就变得非常明显了。